烹享慢生活

我的珐琅锅菜谱

月亮晶晶◎著

浙江出版联合集团
浙江科学技术出版社

注：本书的调味料用量以晶晶常用的工具描述。1茶匙约为5毫升（或5克），1汤匙约为15毫升（或15克）。

写给一只锅的情书

每当华灯初上，这个城市笼罩在昏黄的夜幕中时，我总是被家中厨房里那一抹暖暖的灯光深深吸引。而厨房这些大大小小、深深浅浅的锅碗瓢盆中，我最想要亲近的就是这只锅。

记得第一次的邂逅，它静静地摆在展示台上，俏丽的颜色和美丽的外形让它显得那么与众不同。半个小时后，当销售助理一边熟练地介绍着它的特点，一边有条不紊地烹饪出几个好看又好吃的菜让我品尝时，我心里有个声音在呐喊："带它回家。"

就这样，我把它带回了家，虽然家里已经有不下十个大小各异、用途不同的锅，但那丝毫没有动摇我想拥有它的决心，因为我知道，它与它们的不同，不仅仅是在外表上……

在经历了最初的生涩之后，如今我已操作得游刃有余，这过程正如这只锅的转变，内壁由粗糙慢慢转为油润光洁，我想此刻我对它的感情是：深爱！

这本书里，我想给大家看的不是什么高深的厨艺，而是这只锅带给我的愉悦和美好的心情、烹饪出来的各种美味以及独特的慢烹新感受。

煮菜是一种让人放松的好方式。一两件好的工具则能让你带着更美好的心情烹饪，而良好的下厨愉悦度直接影响到菜的美味程度。这只锅，完全满足了我的需求，它给我带来的不仅仅是精彩的味蕾感受，更多的是烹饪时轻松愉悦的心情。

都说厨房是女人的"职场"，我想在这方寸的"职场"中，如果能带着愉悦的心情烹饪出各种美味菜式和甜品，那你一定会感觉到日子过得是如此的进退自如、有滋有味。

目 录

Part 2

老锅适合做的菜

假日宴请“慢生活”

用珐琅锅装点的休闲时光

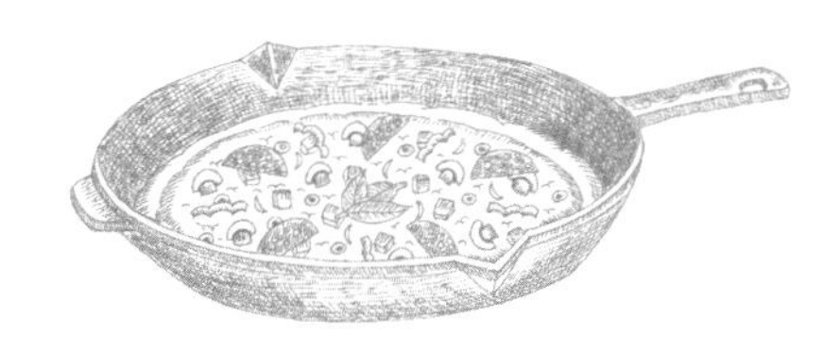

初遇珐琅锅

当你跃跃欲试，准备要宠幸这只锅时，别急，我想你更应该先知道这些。

■ **珐琅锅的特点**

我将珐琅锅烹饪出来的食物的特点总结为四个字：美味、营养。让我慢慢来把这四个字讲给你听。所谓美味，是因为这只锅的特性使它烹饪出来的菜肴总能保持鲜嫩多汁；而营养，是因为珐琅锅微压的特点，能萃取精华，原味循环。

如果上面这句话让你觉得太笼统，那么看完下面这些文字，你应该就会对珐琅铸铁锅有一定了解了：

材质方面，珐琅铸铁是富含碳的铁合金，喷涂上的主要原料是玻璃的珐琅，这是一种材质比较安全的炖煮工具，在烹煮过程中，不会因为高温而产生有害溶出物。它成分稳定，抗酸碱能力好，不会和食物起化学反应。

铸铁锅的预热时间比普通锅子要长，但预热完成后它便能保持一个稳定的热度，放入生鲜食材后，不会温度骤降，这个性能非常适用于制作需要极高温烹饪的食物和极小火炖煮的食物。

铸铁的材质，使得整只锅受热均匀，导热性能好，能有效帮助食物将鲜味全部释放；又因为铸铁锅壁厚，所以它也具有卓越的保温性能，能保证食物鲜味和营养尽量少地流失。

因为铸铁的材质非常坚固耐用，所以相对其他锅子来说，它更重。但正因为重，它在灶台上放着很稳；另外，厚重的锅盖可以使烹饪食物时产生的蒸汽更好地在锅内循环并锁住，烹饪时锅内的水温可以超过100℃，使得锅内保持一个微压状态，从而也保持了食材的原汁原味；锅盖边缘凸起，烹饪需要焖煮的食物的过程中，可以在锅盖上倒入一杯冷水，加快锅内水汽循环，使食物熟得更快；锅盖内壁的凸起圆点，在烹饪过程中如同一个花洒，把锅内蒸汽凝聚到圆点上，再自然滴下，有效保持食物的水分循环，将食物的水分和原味牢牢锁住，可以说这只锅实现了少吃油、无油烟、原味烹饪的健康烹饪理念。

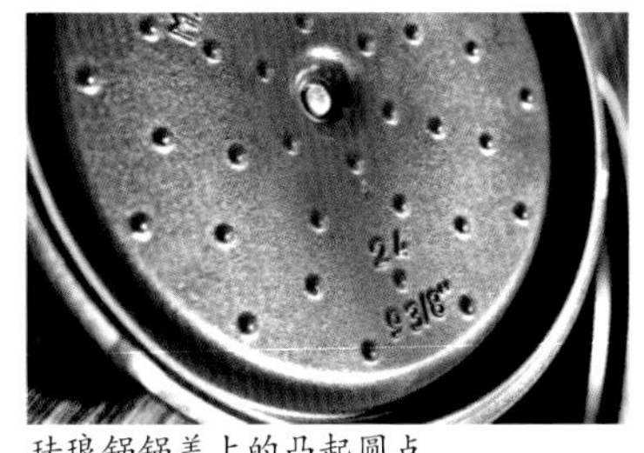

珐琅锅锅盖上的凸起圆点

新锅开锅

如此，整个开锅程序完成，可以使用了。

拿到新锅，你需要先做这件事——开锅。

①清洗：用热水冲洗一遍，用干净的抹布擦干。

②抹油：在锅壁内再抹薄薄一层食用油，每个角落都要涂到。

③干蒸：把涂了油的锅子放在灶上，小火加热烘干。再重复涂油烘干的步骤一次，然后关火，让锅子自然晾凉后，用厨房纸巾拭干多余油分。

新锅的内壁还比较粗糙生涩，不适合做淀粉含量比较高的食物，最好用来做油分比较多的肉食。使用一段时间后，黑珐琅锅壁的粗糙感会慢慢消失，变得越来越滋润，也越来越不粘了。只要前期养好了锅，之后无论你想做什么菜这只锅基本都可以胜任。

Part 1
新锅适合做的菜

新锅的内壁感觉起来比较粗糙生涩，所以不适合做淀粉含量比较高的食物（容易粘锅），最好用来做油分比较多的肉食。这样用过一段时间，食物中的油脂便会慢慢渗入锅壁，锅壁就会变得滋润并且平滑，我们把这个过程叫做养锅。

STAUB

高升排骨

食材

猪小排或者肋排500克，料酒1汤匙，醋2汤匙，白糖3汤匙，生抽4汤匙，油适量。

烹饪方法

❶ 猪小排或者肋排500克剁成小块，洗净沥干水分，热锅温油，入排骨煸炒2～3分钟至肉有些泛金黄色。

❷ 加1汤匙料酒，2汤匙醋，3汤匙白糖，4汤匙生抽。

❸ 旺火煮开，转小火焖20分钟左右。

❹ 看到汤汁浓稠，刚刚可以挂住排骨即可。

肉翻炒至有些泛金黄色就可以加调料了。

看到汤汁浓稠，刚刚可以挂住排骨就可以出锅了。

晶心厨语

1. 此道高升排骨又称1、2、3、4、5排骨，亦称为“步步高升”，是以其调味料的用量顺序而命名。用普通炒锅做这道菜需要另外添加5汤匙清水，煮30分钟，如选用珐琅铸铁锅做这道菜，由于铸铁锅良好的密闭性和内循环，并且选用的排骨是肥瘦相间的，则不需要放清水，只需要焖20分钟就可以了。

2. 排骨要细火慢烧，肉质才会软滑香嫩且入味。利用珐琅铸铁锅的特性来焖煮此菜，成品的排骨会特别的香软入味。

泰式芦笋猪肉糜

食材

猪肉糜 250 克，芦笋 6 根，洋葱 1/3 个，罗勒叶 1 大把，干辣椒 1 个，大蒜 1 粒，橄榄油 2 汤匙。

调味料

海鲜酱 3 汤匙，绵白糖 2 汤匙，生抽 2 汤匙，鱼露 1 汤匙。

烹饪方法

❶ 芦笋刷洗干净，切碎（约 0.2 厘米薄片）；洋葱和大蒜粒切碎；罗勒叶子洗净沥干；干辣椒切成圈。

❷ 把食材中的所有调味料混合成调味汁。

❸ 小火预热珐琅锅后，倒入 2 汤匙橄榄油，转中小火煸香洋葱和大蒜碎，炒到洋葱透明变软。

❹ 加入辣椒圈和芦笋同炒 1 分钟。

❺ 倒入猪肉糜，翻炒 2 分钟后，倒入步骤 2 已经调好的调味汁，翻炒半分钟。

❻ 撒入罗勒叶，关火再翻炒 10 秒，出锅。

晶心厨语

1. 罗勒叶在大型进口超市和淘宝都能买到，是做泰式菜和三杯菜常用的植物香料。记得在关火后出锅前放。

2. 猪肉糜建议买肥瘦相间的，炒出来油润香嫩，全瘦的猪肉糜炒出来口感太柴，不好吃。

3. 这个不光可以作为一道菜，也可以用来拌面或者盖饭，味道都很好。

酒香焖翅根

食材

鸡翅根 500 克，小朵新鲜香菇 10 朵，老抽 1 汤匙，生抽 1 汤匙，白糖 1 茶匙，葱、姜、蒜头适量，啤酒 1 罐（约 300 毫升），食用油 1 汤匙。

用满满的一罐啤酒代替水，味道比用料酒加水焖煮出来的更加香软哦！

烹饪方法

❶ 鸡翅根用流动的清水不断冲洗到无血水，沥干；香菇洗净；葱切段；姜和蒜头切片。

❷ 小火预热空锅 2 分钟后，入 1 汤匙食用油烧热，转中火，放入葱段和姜、蒜片爆炒出香味。

❸ 倒入沥干的鸡翅根不断翻炒至表皮变色收紧，边缘有些焦黄。

❹ 加入 1 汤匙老抽、1 汤匙生抽、1 茶匙白糖，翻炒上色。

❺ 倒入 1 罐啤酒，加入香菇一起煮开。

❻ 加盖小火炖 30 分钟后收汁即可出锅。

焖煮红烧肉

食材

五花肉 500 克，老抽 1 汤匙，生抽 1 汤匙，冰糖 1 汤匙，花雕酒 5 汤匙，葱段，姜片。

五花肉用中小火不放油慢慢炒到有油分逼出，表面有些焦黄后再放调料。

烹饪方法

❶ 小火空锅预热 2 分钟。将五花肉洗净切块，用厨房纸吸干表面水分，倒入锅中，中小火不放油慢慢炒到有油分逼出，表面有些焦黄。

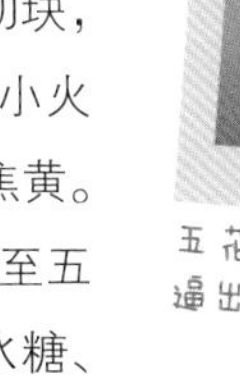

❷ 倒入 1 汤匙老抽、1 汤匙生抽，翻炒至五花肉上色，加 5 汤匙花雕酒、1 汤匙冰糖、3 片姜及葱段炒匀。

❸ 盖上锅盖，开中火。

❹ 待锅边缘冒出水蒸气后在锅盖上倒一杯清水，转小火，焖煮大约 40 分钟，锅盖上水分蒸发完后，开盖，转中火，翻炒片刻收汁后关火端上桌。

晶心厨语

1. 最好选稍肥一点的土猪五花肉，这样煮出来才会酥软香糯，非常好吃。

2. 五花肉本身有肥肉，在煸炒的过程中会出油，所以做这道菜不需要另外用食用油。

3. 整个过程不加一滴水，一来珐琅锅密闭性好，水分不容易跑掉；二来五花肉的肥肉在焖煮过程中会化成油分，再加上花雕酒、老抽、生抽也是液体，所以不需要加水。而珐琅锅盖上的圆点会让凝聚在锅盖上的水蒸气更快地在锅中循环，以加速锅内食物的熟成。

4. 建议用花雕酒来焖煮五花肉，它能更好衬托出肉本身的香味，焖出来的五花肉肥而不腻，香味扑鼻。

5. 关于焖煮的时间，我这里焖了约 40 分钟（记得一定是小火），五花肉能保持比较完整的块状，不会过于酥烂。如果喜欢吃得很酥烂，可以增加花雕酒的量和焖煮的时间，放心，花雕酒放得多酒味也不会很重，因为在焖煮的过程中酒精早就受热挥发完了。

啤酒百味鸭

食材

嫩鸭半只，啤酒半罐，生抽 1 汤匙，老抽 1 汤匙，花椒一小撮，干辣椒 1 个，冰糖 1 小把，葱、生姜适量，盐、香菜、甜椒少许，食用油 1 汤匙。

鸭肉应翻炒至表面变色、表皮收紧后再加调料。

烹饪方法

❶ 嫩鸭洗净，沥干，切块；葱洗净打成结；生姜去皮切片；干辣椒剪成段。

❷ 锅用小火预热后，倒入 1 汤匙食用油，放入一小撮花椒小火煸出香味后，捞出花椒扔掉。

❸ 放入姜片和干辣椒爆香后，倒入鸭肉转大火翻炒至表面变色、表皮收紧。

❹ 放生抽、老抽、冰糖、葱，倒入半罐啤酒，大火煮开后转小火加盖焖煮。

❺ 小火焖煮 30 分钟左右，打开锅盖，视锅中汤汁情况转大火收浓汁水。尝下味道，酌情加盐，然后撒上香菜、甜椒点缀即可。

晶心厨语

1. 做这道菜要用嫩鸭，嫩鸭肉质嫩，适合红烧和炒；老鸭肉质老，比较适合煲汤。

2. 干辣椒的量视自身情况而定，不会吃辣可以不加，喜欢吃辣可以多加。

3. 最后的盐不是必须要加的哦，口味淡的人甚至可不加，口味重的人酌情加。

台式三杯鸡

食材

嫩鸡半只，米酒 6 汤匙，酱油 3 汤匙（其中老抽 1 汤匙，生抽 2 汤匙），香麻油 2 汤匙，冰糖 10 颗（约 15 克），九层塔叶 1 小把，1 汤匙食用油，姜片。

鸡块应煸炒至表皮收紧，边缘有些焦黄。

烹饪方法

❶ 鸡洗净切块。

❷ 三个杯子中，分别倒入 6 汤匙米酒、3 汤匙酱油（老抽 1 汤匙、生抽 2 汤匙）、2 汤匙香麻油，备用。

❸ 锅小火烧热，倒入 1 汤匙食用油和 1 汤匙香麻油，油温热时放入姜片爆香，转大火倒入鸡块煸炒至表皮收紧，边缘有些焦黄。

❹ 倒入准备好的 1 杯米酒，1 杯酱油，放入冰糖。

❺ 大火烧开后，转最小火焖煮 30 分钟后，开盖转中大火收浓汤汁。

❻ 沿着锅边倒入香麻油杯中剩下的 1 汤匙香麻油。

❼ 把九层塔叶放入锅中，翻炒一下，盖上锅盖半分钟，关火开盖出锅。

晶心厨语

1. 米酒、酱油、香麻油和九层塔是做三杯鸡必备的食材。

2. 整个过程不加水，就靠液体调料和鸡肉本身的水分来煮。放心，按照我写的火候煮，绝对不会因为水分不够而烧焦，相反小火 10 分钟后锅中汤汁可能会太多，还需要大火收汁。

3. 要用冰糖，这样做出来的菜的颜色会比较好看。

4. 做三杯鸡一定要放九层塔，它的味道辛甜微辣，具有提香和除油腻的作用。这种植物你可以自己买种子在家养，也可以在麦德龙这类大超市买到新鲜的。

韩式泡菜豆腐锅

食材

嫩豆腐 1 盒，韩式辣白菜 1 袋，五花肉片 150 克，西葫芦 1 根，大葱半根，韩国辣椒酱 1 汤匙，盐 2 克，淘米水 1 大碗。

烹饪方法

❶ 小号珐琅铸铁锅里倒入淘米水至八分满，中火煮开转小火。
❷ 放 1 汤匙辣椒酱，搅拌均匀。
❸ 锅里放入辣白菜、五花肉片、盐。
❹ 中火烧开转小火煮 15 分钟。
❺ 加入嫩豆腐和西葫芦片煮开。
❻ 煮开后转小火再煮 2 分钟，加入大葱丝关火。

要放入满满 1 汤匙辣椒酱哦。

放入辣白菜、五花肉片，看上去好诱人啊！

晶心厨语

步骤 1 中的淘米水，是第二次洗米的水。首次洗米的水里有杂质，不可以用哦！

虫草山药乌鸡汤

食材

乌骨鸡 1 只，虫草花 1 小把，铁棍山药 1 根，料酒 1 汤匙，姜、葱、盐少许。

炖汤时冷水要一次放足量哦！

烹饪方法

❶ 虫草花用水泡发。乌骨鸡宰杀干净，放入锅中，倒入足量冷水，加 2 片姜片，中大火煮开。

❷ 撇去浮沫后，放葱段和料酒，放入泡开的虫草花和泡虫草花的水（底下的沉淀物不要倒入）。山药去皮切滚刀块，也放入锅中一起炖。

❸ 中火煮开后转小火，加盖焖煮 1 小时左右，关火前 10 分钟加盐调味即可。

晶心厨语

1. 鸡用于炖汤不需要焯水，只需要等汤开了以后把表面的浮沫撇干净即可，这样可保证鸡的营养和鲜味不流失。

2. 炖汤时，盐在关火前 10 分钟加，这样既避免了早加盐后，咸味被食材过度吸收而导致人体摄入太多盐分；也可以避免在出锅前加盐而发生只有汤有咸味但食材淡而无味的情况。

Part 2
老锅适合做的菜

珐琅铸铁锅在使用一段时间后，黑珐琅锅壁的粗糙感会慢慢消失，变得越来越润滑，这时候你会感觉用它做菜越来越不粘了。前期养好了锅，之后你想用它做菜基本都可以游刃有余了。

麻辣香锅虾

食材

鲜虾，胡萝卜，黑木耳，洋葱，西蓝花，芹菜，香菇，紫薯，花椒，辣椒，麻椒，大料，大蒜，食用油，料酒，生抽。

烹饪方法

❶ 开中火将锅具预热 2 分钟，倒入少许食用油，放入花椒、辣椒、麻椒、大料和大蒜，继续开中火，煸香。
❷ 将洗净的鲜虾和其他配菜同时放入锅内，倒入少许料酒、生抽。
❸ 盖上锅盖，中火焖 3 分钟。
❹ 打开锅盖，搅拌几下即可。

花椒、辣椒、麻椒、大料和大蒜放入后用中火煸香。

鲜虾和其他配菜同时入锅，倒入料酒、生抽。

STAUB

石锅拌饭

食材

冷米饭 1 大碗，鸡蛋 1 个，橄榄油 1 茶匙，香油 5 毫升，肉末 100 克，黄豆芽 20 克，胡萝卜 1/3 根，黄瓜 1/3 根，韩式拌饭酱 2 汤匙。

烹饪方法

❶ 开小火将锅具预热 2 分钟，倒入少许橄榄油，加热 1 分钟。

❷ 将肉末、黄豆芽、胡萝卜分别放入锅中各煸炒 1 分钟，盛出备用。

❸ 在锅底和锅壁内侧都抹上一层香油，将冷米饭放入锅内。

❹ 将步骤 2 炒好的配料和黄瓜丝铺在米饭上，在配料上打 1 个鸡蛋。

❺ 盖上锅盖加热 5 分钟，开盖加韩式拌饭酱搅拌后即可食用。

在锅底和锅壁内侧都抹上一层香油后倒入1碗冷米饭。

酒焖蛤蜊

食材

蛤蜊 500 克，姜 3 片，香葱少许，蒜头 2 瓣，干红辣椒 5 个，白葡萄酒 3 汤匙（45 毫升），植物油 1 小勺，黄油 15 克，食用油、盐少许。

烹饪方法

❶ 清水加入少许盐，滴一滴食用油，放入蛤蜊静养 2 小时，让其充分吐出脏东西，洗净沥干。葱、姜洗净。

❷ 珐琅铸铁锅小火预热 2 分钟，加入 1 小勺植物油，炒香蒜片、姜片与干红辣椒。

❸ 倒入沥干的蛤蜊，翻炒几下。

❹ 加入白葡萄酒，盖上锅盖大火烧开。

❺ 打开锅盖让酒充分挥发，待蛤蜊全部张口后，加入少许黄油翻炒一下，等黄油全部融化，关火撒少许香葱碎即可。

晶心厨语

1. 蛤蜊买回来后应在加了少许盐和油的水中静养至少 2 小时，让其吐净泥沙。

2. 食材中的白葡萄酒可用白兰地代替，如果这两样都没有，也可以用料酒或者米酒代替。

3. 这个菜要趁热吃。

桑拿鸡翅

食材

鸡中翅 10 只，蒜 10 颗，西芹 200 克，姜 2 片，盐少许，料酒 0.5 汤匙，生抽 1.5 汤匙，糖少许。

鸡翅事先划刀腌制，可缩短烹饪时间，而且更加入味。

烹饪方法

❶ 将鸡翅用刀划开几道，放入盐、料酒、生抽、姜丝、糖（少许）腌制半小时。
❷ 小火预热锅具 2 分钟。
❸ 将锅内先铺上蒜和西芹，再放入腌好的鸡中翅，盖上锅盖，开中火。
❹ 待锅边缘冒出水蒸气后开小火，等待 7 ～ 8 分钟，开盖即可。

晶心厨语

1. 因为烹饪时间短，所以鸡翅要事先腌制入味。
2. 这个菜采用的是原味烹饪法，全程不需要放一滴水，利用食材本身的水分在锅内热循环把菜焖熟，能更好地锁住美味和营养。

干锅花菜

食材

有机花菜1颗（约400克），五花肉1小块，老干妈牛肉豆豉酱1汤匙，生抽1汤匙，大蒜叶1根，新鲜小红辣椒3个，白糖少许，油适量。

五花肉片煸炒至表面全部变色后再继续煸炒一会儿，把肥肉部分的油分逼出一部分。

烹饪方法

❶ 花菜朵朝下，没入淡盐水中浸泡20分钟，洗净，用小刀拆成小朵。

❷ 入开水锅中焯水1分钟左右，捞出立即用冷水冲淋至完全凉透，沥水备用。五花肉切成薄片，大蒜叶白色部分切下用刀背拍扁，小红辣椒切成段。

❸ 锅烧热放油，油热后下大葱白爆香。下五花肉片入锅，用中火煸炒至表面全部变色，继续煸炒一会儿，把肥肉部分的油分逼出一部分。

❹ 加入1汤匙老干妈牛肉豆豉酱炒香。

❺ 倒入红辣椒段和花菜，翻炒几下，加入1汤匙生抽，再加入一些白糖，转大火不断翻炒1分钟左右。

❻ 把大蒜叶绿色部分切成段，放入锅中，翻炒几下后，关火加盖焖1分钟左右，开盖即可。

晶心厨语

1. 花菜用淡盐水浸泡，可以逼出里面可能会有的小虫子，并且有杀菌作用。

2. 此菜中花菜的口感是爽脆的，所以花菜焯水时间不要太长，焯水捞出后立即用冷水冲淋降温，这样花菜就会有脆脆的口感了。当然，如果你喜欢酥烂一点的，也可以延长焯水时间并且捞出后不要用冷水冲淋。

3. 这个菜一定要用带肥的五花肉来做，五花肉在煎炒的过程中会逼出一些肥肉的油分，而花菜就是要吸收了这些荤油，味道才会香。煸炒五花肉火不要开太大，否则很容易焦。

4. 最后那把大蒜叶入锅后，不要马上盛起，盖上锅盖焖一会儿，大蒜叶颜色更碧绿、更好看。

阿尔卑斯炖菜

食材

香肠2根，洋葱半个，蘑菇10朵，荷兰豆20根，甜玉米1根，中型土豆1个，黄油1小块，蚝油1汤匙。

放蔬菜的时候一定要按次序放，不容易粘锅的洋葱放在最下面，不容易熟的食材放下面，容易熟的食材放上面。

烹饪方法

❶ 把蔬菜洗净沥干水分，洋葱切丝，香肠、蘑菇、玉米和土豆切薄片。

❷ 先用黄油涂抹锅身和锅底。开中火将锅具预热2分钟。

❸ 在锅里陆续放入洋葱、玉米、土豆片、香肠、蘑菇、荷兰豆等蔬菜，放的时候一定要有层次感。

❹ 盖上锅盖，转小火焖煮10分钟，打开锅盖，倒入蚝油，稍稍翻动，至土豆片酥软即可。

晶心厨语

1. 锅底和锅身一定要抹上黄油，否则贴近锅底的蔬菜会焦，而且黄油能很好地带出蔬菜的香气。

2. 食材切片不要太厚，否则不容易熟。

3. 蚝油中包含了咸、鲜、甜等各种味道，所以整个菜只需要放蚝油即可，不需要其他调味料。

盐焗虾

食材

明虾 500 克，粗盐 300 克，花椒 15 颗，小葱 1 根。

锅底粗盐只要铺 1 厘米厚即可。

烹饪方法

❶ 虾洗净剪去须，沥干，入锅前用厨房纸巾拭干表面水分。

❷ 在锅底铺一层粗盐，只要将锅底覆盖，约 1 厘米厚即可。

❸ 盖上锅盖，开中火加热 6 ～ 7 分钟，听到锅内开始有噼啪声即可。

❹ 开盖，撒上花椒粒，将虾排放在粗盐上，撒上少许葱，盖上锅盖。

❺ 转小火 3 分钟后关火，不开盖再焖 3 分钟即可。

虾千万不能重叠排放，不然成熟度会不一样哦！

晶心厨语

1. 盐在这里起导热作用，虾这种食材很容易熟，所以无需放太多。

2. 记得一定要用粗颗粒的盐，不能用细盐，因为铸铁锅密闭性好，在烹饪过程中虾本身的水分还是会被锁定在锅中，有一定湿度，而细盐会黏附在虾表面并且有一部分会融化，从而导致成品太咸无法入口。

3. 使用过的粗盐过筛后还能重复利用。

4. 加热时间要掌握好，时间太长虾会被烤干，虾壳会粘在虾肉上，吃的时候很难剥壳。

广式腊味煲仔饭

食材

广式腊肠 2 根，大米 1 杯，鸡蛋 1 个，小油菜 5 颗，0.5 汤匙食用油，盐、姜、油少许。

调味料：1 汤匙蚝油，1 汤匙凉开水，2 汤匙六月鲜生抽，0.5 汤匙白糖，0.5 汤匙香麻油。

烹饪方法

❶ 取小号珐琅锅，在锅底抹薄薄一层油。把大米洗净放入锅中，倒入水，米和水的比例为 1:1.5，浸泡 1 个小时。

❷ 浸泡好的大米，加入 0.5 汤匙食用油拌匀。

❸ 将锅子移至火上，大火煮开后立即转小火，盖上锅盖焖煮，将米饭煮至八成熟（珐琅锅煮很快，大约 10 分钟）。

❹ 煮饭的过程中，把腊肠切片，再切点姜丝。把小油菜洗净，另取锅放水烧开，放点盐，滴几滴油，放入小油菜烫熟，捞出沥干油分。

❺ 锅中水分快干时，在米饭表面铺上腊肠片和姜丝，再打个鸡蛋进去。盖上锅盖再小火煮 5 分钟后关火，不要开盖，继续盖着锅盖焖 15 分钟。

❻ 调味汁：1 汤匙蚝油、1 汤匙凉开水、2 汤匙六月鲜生抽、0.5 汤匙白糖、0.5 汤匙香麻油搅拌均匀。

❼ 焖好的米饭开盖，排入小油菜，浇上调味汁，拌匀即可食用。

做煲仔饭时大米要先泡过，将芯泡透，这样可以熟得快，不会出现夹生和煳的现象。

锅中水分快干时，在米饭表面铺上腊肠片和姜丝，再打个鸡蛋进去。

晶心厨语

1. 米饭煮开后立刻转小火，这样可以避免溢锅和煳锅。如果喜欢锅底略带焦的，可以适当多焖一会儿，整个过程应一直保持小火。

2. 关火后不要立刻打开盖子，继续加盖焖 15 分钟，这样才能把香味焖入饭中。

3. 米和水的比例在 1:1.5 左右。每种米的吸水性不同，要根据不同米的性质来调整水量。如果吃不准，可以先少放点水，煮的时候发现不够，再往锅里倒少量的热水。

4. 如果发现饭做夹生了，不要着急，可以均匀地在饭上浇入一些水，小火焖到饭把水吸干。如果还夹生就再加一点，反复几次，饭就熟透了。

5. 腊肠要用广式腊肠，这样味道才正宗。

6. 如果是用小砂锅做，煲米饭的时候要经常转动锅子，这样锅内的米饭才会受热均匀。而用珐琅锅做，就不需要转动锅子了，因为锅内受热很均匀。

香草盐焗蟹

食材

大梭子蟹 1 只，粗盐 900 克，新鲜迷迭香叶和罗勒叶 1 小把。

烹饪方法

❶ 用牙刷把梭子蟹表面洗干净，沥干水分，并用厨房纸巾拭干表面水分。

❷ 在锅中倒入粗盐，量要多一点，因为等下要用盐把蟹整个覆盖住。

❸ 加盖，开中火加热 10 ～ 15 分钟，听到锅内有噼啪声。

❹ 开盖，将一半的盐用锅铲拨到一边，把新鲜的迷迭香叶和罗勒叶放入，将蟹放在香叶上面，再把一边的盐全部覆盖满整个梭子蟹。

❺ 盖上锅盖，转小火加热 10 分钟后，关火，不开盖继续焖 5 分钟后开盖。把蟹挖出来去除表面的粗盐即可。

要放多一点盐，因为等会儿要把蟹覆盖住。

晶心厨语

1. 一定要用粗颗粒的盐，不能用细盐，铸铁锅密闭性好，在烹饪过程中蟹本身的水分会被蒸发出来锁定在锅中，有一定的湿度，如果用细盐，加热后会有一小部分融化而导致成品太咸，无法入口。

2. 使用过的粗盐过筛一遍后还能重复利用。

黄油香煎杏鲍菇

食材

杏鲍菇 200 克，植物油 10 克，黄油 30 克，细盐一小撮，黑胡椒碎一小撮。

烹饪方法

❶ 杏鲍菇刷洗干净，切成约 0.8 厘米厚的圆片。

❷ 小火预热珐琅锅后，放入黄油块，保持小火至黄油全部融化。

❸ 在锅中排入杏鲍菇片，中小火煎 1 分钟左右，变金黄色时，撒上细盐和黑胡椒碎，翻面继续煎 1 分钟左右，撒上少许细盐和黑胡椒碎，待两面都有点金黄且微焦时即可出锅。

杏鲍菇片应煎至两面都有点金黄微焦。

晶心厨语

1. 杏鲍菇不要切得太薄，稍有点厚度口感会更好。

2. 杏鲍菇煎后会有汤汁渗出，这时需要把汤汁煎干，杏鲍菇体积也会明显缩小，这样才干香好吃。

3. 食材中的黄油在做西餐时经常会用到，有特殊的奶香味，所以最好不要用其他油代替。杏鲍菇比较吸油，黄油的量应稍微多些。

果汁烤肋排

食材

猪整根肋排 1 千克，西红柿（中型）1 个，洋葱半个，菠萝半个，烧烤酱 3 汤匙，老抽 0.5 汤匙，盐 3 克，蜂蜜 1 汤匙。

烹饪方法

❶ 西红柿用开水烫一下，剥皮，和两片菠萝一起切块放入搅拌机中搅打成细腻的果泥。

❷ 在果泥中加入 2 汤匙烧烤酱、0.5 汤匙老抽、3 克盐，拌匀成腌料。

❸ 把腌料均匀地涂抹在肋排的正反面，装入保鲜袋，把剩余的腌料一起倒进去，密封好袋子，用手隔着袋子给肋排做一会儿按摩（别太大力，千万别把袋子弄破），然后把整个袋子放入冰箱冷藏过夜。

❹ 第二天取出来，烤箱先 200℃预热，抹去肋排表面厚的腌料。在珐琅锅底铺一层锡纸，洋葱切丝，两片菠萝切大块铺在锡纸上，把肋排放在菠萝上。

❺ 入烤箱中层，180℃烤 15 分钟后取出，在表面刷上一层蜂蜜，继续放入烤 15 分钟。再取出，在表面刷一层烧烤酱继续入烤箱，温度转为 200℃，烤 10 分钟左右即可。

隔着保鲜袋按摩包着腌料的肋排，让其更加入味。

肋排表面腌料厚的部分应抹去，然后放在铺有锡纸及洋葱丝、菠萝块的珐琅锅内烤制。

晶心厨语

1. 菠萝是一种有特殊香味的水果，用来搭配肉类烤，会让烤好的肉中带些果香味。

2. 果泥要处理得细腻一些，腌制完成入烤箱前记得把肋排表面的果泥腌料抹干净，否则入烤箱时这些果泥会被烤焦。

3. 烤箱的温度和时间只供参考，请根据自家烤箱的脾气来调整哦。

4. 太瘦的肋排烤出来口感会柴，所以请尽量挑选带点肥肉的肋排。

意式披萨酱

食材

西红柿 1 个（约 300 克），洋葱 100 克，番茄沙司 100 克，大蒜 5 小颗，黑胡椒碎 0.5 茶匙、干百里香碎 0.5 茶匙，干罗勒叶碎 0.5 茶匙，盐一小撮，黄油 30 克。

烹饪方法

❶ 西红柿用开水烫一下或者在火上烤一下，去皮切成小丁，洋葱切小丁，大蒜切末。

❷ 锅中放入黄油，小火融化后，倒入蒜末和洋葱丁，转中火翻炒到洋葱透明发软。

❸ 倒入西红柿丁，转大火不断翻炒，直到西红柿出沙。

❹ 倒入 100 克番茄沙司炒匀，再放 0.5 茶匙干罗勒叶碎，0.5 茶匙干百里香碎，0.5 茶匙黑胡椒碎，炒匀。

❺ 转小火不加锅盖煮 15 分钟左右至酱稍显浓稠状，出锅前加一小撮盐即可。

晶心厨语

1. 珐琅锅密闭性太好，盖上锅盖就很难收汁，所以整个过程不需要加盖子，并且中途需要不时地搅拌下，防止粘锅哦。

2. 香草可以用综合香草或者披萨香草代替，这里用到的香草都是干的，不是新鲜的哦。

3. 做好的披萨酱，一次用不完就放在干净的密封瓶里，可以保存一周左右。

馕底香肠披萨

食材

新疆馕饼 1 张，自制披萨酱 3 汤匙，香肠 50 克，青椒 1/4 个，红椒 1/4 个，洋葱半个，马苏里拉奶酪 100 克，锡纸 1 张，油半汤匙。

烹饪方法

❶ 把馕饼翻过来，底部刷上一层温水（中间部分刷两遍）。

❷ 青、红椒洗净切小丁，珐琅锅小火预热，加入半汤匙油，倒入青、红椒丁翻炒 20 秒，盛出备用。

❸ 洗干净的珐琅锅底铺上一层锡纸，亚光面朝上。

❹ 把馕饼边缘按照锅底大小切掉一些，放入锅中。

❺ 涂上 3 汤匙自制披萨酱，撒一半切成丝的马苏里拉奶酪；把切好的香肠片铺一层在上面（不要叠起来），然后将炒好的青、红椒丁和洋葱丝铺上；取剩下的马苏里拉奶酪铺在最表面。

❻ 开小火，加盖，小火焖 10 分钟左右就可以了。

在馕底刷上温水保持湿润，可以防止烤焦哦。

晶心厨语

1. 家庭自制披萨可以自己发面做饼底，如果嫌麻烦，可以像我一样用现成的馕来做饼底，或者用超市的飞饼也可以哦。

2. 我用的是自制的意式披萨酱，如果嫌麻烦，也可以买瓶装的披萨酱，更偷懒一点的可用番茄酱，但是，味道绝对是自己做的好吃哦。

3. 香肠片只能铺一层，不要叠起来铺，否则会不熟。如果喜欢叠起来铺，可以和青、红椒，洋葱一样事先炒到半熟再铺；如果换成其他比较难熟的食材，那就需要像炒菜一样稍微炒一下再铺，这样确保能熟。青、红椒和洋葱只需要快炒 20 秒，不需要炒熟，这样味道比直接用生的要好。

4. 关于做披萨用的奶酪，想要有拉丝效果就一定要用马苏里拉奶酪，这个在大一点的超市或者网上都可以买到。

黑椒锡纸鱿鱼

食材

墨鱼仔 300 克，大蒜 2 颗，姜少许，蚝油 1 汤匙，白糖 0.5 茶匙，红椒 1 个，黑胡椒碎 1 克，香葱少许，锡纸 2 张。

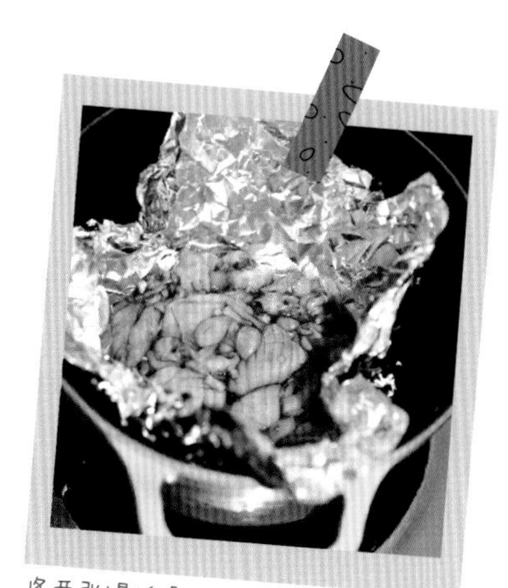

将两张锡纸叠放，把腌好的墨鱼放在锡纸中间。

烹饪方法

❶ 先将墨鱼洗净，特别是内部的黑膜和软壳。将头部和身子分开，在墨鱼的身上轻轻用刀交叉切出均匀的花纹。

❷ 将大蒜拍成末，姜切成末，放入切好的墨鱼中。

❸ 依次加入蚝油、白糖、黑胡椒碎，搅拌均匀，并让其入味半小时。

❹ 将两张锡纸叠放，把腌好的墨鱼放在锡纸中间，然后将四周小心地折起，包严实。

❺ 放入铸铁锅中，小火加热 20 分钟。然后小心地打开锡纸，趁热撒上红椒，再继续小火加热 3 分钟，最后关火打开锡纸撒上黑胡椒碎和香葱即可。

晶心厨语

1. 烹饪这个菜时利用了铸铁锅本身保温储热好的性能，把铸铁锅当铁板，利用锡纸较好的导热性能，直接把锡纸包内的食物焖烤熟。

2. 还可以用锡纸包烤大虾、鲈鱼、排骨等等，做法大同小异。要特别注意的是，锡纸接触食物的那一面一定要是亚光面，光亮的那一面是不能接触食物的。

3. 这个菜中如果加入一点黄油，吃起来会更鲜美多汁。

Part 3
假日宴请“慢生活”

假日，当你想在家中宴请三五好友的时候，这只靓丽的珐琅铸铁锅会成为你下厨的利器，有了它，你便可以轻松做出让好友刮目相看的宴客菜。

意大利杂菜汤

食材

番茄1个，土豆1颗，高丽菜1/8颗，胡萝卜1根，西芹1根，培根3片，洋葱1/4个，大蒜1颗，意大利综合香草1小撮，浓缩鸡汁2汤匙，橄榄油、九层塔适量。

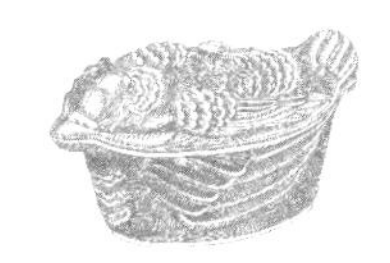

烹饪方法

❶ 将番茄、土豆、高丽菜、胡萝卜、西芹切丁，大蒜切末，洋葱切丁，培根切段。

❷ 锅子预热后放橄榄油，爆香大蒜末及洋葱丁，放1小勺意大利综合香草略炒。

❸ 倒入清水，加浓缩鸡汁调成高汤。

❹ 倒入所有蔬菜丁及培根段，大火煮沸，捞出浮沫。

❺ 小火继续煮20分钟左右，盛入汤盘放上九层塔装饰。

晶心厨语

1. 蔬菜的品种可以更换，西蓝花、娃娃菜等都可以。

2. 意大利综合香草在网上可以买到。一小包可以用很久，偏好西式菜的人一定要备一包。

3. 如果喜欢那种浓稠口感的汤，可以在煮好后用手持搅拌器把蔬菜稍微搅打一下，这样汤汁就会变得细腻、浓稠了。

番茄红酒炖牛肉

食材

牛腩 500 克，大番茄 1 个，洋葱半个，红酒 200 毫升，水 1 杯（约 200 毫升），姜、蒜少许，番茄酱 3 汤匙，白糖 1 茶匙，料酒 1 汤匙，盐、油、香菜叶适量。

清水应一次性加足量。

烹饪方法

❶ 牛腩切大块，放入锅中，加冷水没过牛肉，放 2 片姜、1 汤匙料酒，大火煮开（焯水全程不加盖），继续煮 2 分钟，捞出牛肉用热水冲洗干净，沥干水分。

❷ 锅烧热放油，中火，放入姜片、大蒜粒和洋葱煸炒至洋葱透明。

❸ 倒入焯水沥干的牛肉块翻炒到表面变色发干，倒入切成块的番茄，炒到番茄出沙。

❹ 加入红酒，再加入足量清水，中火煮开转小火加盖焖 1 小时。

❺ 开盖加入 3 汤匙番茄酱、1 茶匙白糖拌匀，继续加盖小火焖半小时左右至牛腩酥烂，关火开盖加盐调味，撒一把香菜叶即可端上桌开动啦。

晶心厨语

1. 牛羊肉焯水记得一定是冷水下锅，焯水全程不要盖锅盖，让牛羊肉的膻味散发出去。如果加盖，随着热量散发出来的膻味又会被焖回到牛羊肉中，导致煮好的牛羊肉的膻味依然很重。

2. 炒番茄要有耐心，慢慢炒到番茄出沙起糊状态再进行下一步。

3. 煮的时间可以自己调节一下，喜欢吃劲道一点的可以减少炖煮时间，相反喜欢吃酥烂一点的可以再延长炖煮时间，只是水量要控制好。

黑椒干锅虾

食材

沼虾 500 克，姜 1 大块，蒜 20 小颗，料酒半汤匙，生抽 1 汤匙，蚝油 1.5 汤匙，老抽半汤匙，白糖小半汤匙，食用油 3 汤匙，黑胡椒碎、葱花适量。

记得一定要放多多的大蒜粒，要用姜片和大蒜粒把锅底铺满，可以起到防止粘锅的作用。

烹饪方法

❶ 沼虾洗净剪去须脚和虾枪，放大碗里，加半汤匙料酒、1 汤匙生抽、1.5 汤匙蚝油、半汤匙老抽、小半汤匙白糖，拌匀腌制 10 分钟左右。

❷ 把蒜剥皮，姜切片。取珐琅铸铁锅，把姜片和大蒜粒铺满锅底，再倒入 3 汤匙左右的食用油（能铺满整个锅底的量就可以）。

❸ 把腌好的沼虾排入锅中，同时把碗里腌制时的腌汁也一并倒入锅中，盖上锅盖，开中大火煮开，转小火再焖煮 10 分钟左右。

❹ 开盖撒些黑胡椒碎，盖上再焖 1 分钟，开盖撒葱花，连锅端上桌就可以开动了。

这道菜记得一定要用黑胡椒碎而不是黑胡椒粉，那完全味道不同哦。

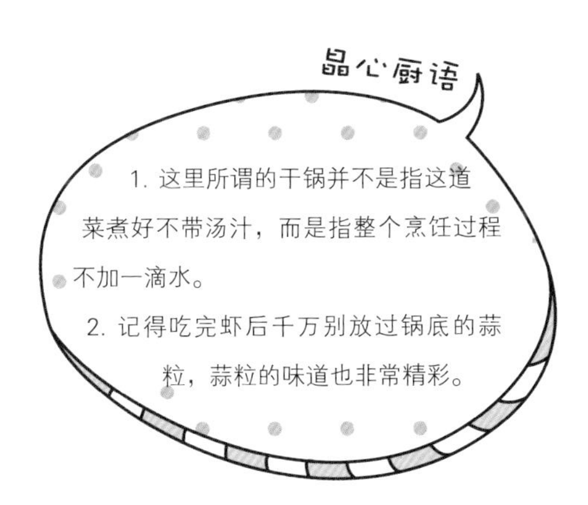

晶心厨语

1. 这里所谓的干锅并不是指这道菜煮好不带汤汁，而是指整个烹饪过程不加一滴水。

2. 记得吃完虾后千万别放过锅底的蒜粒，蒜粒的味道也非常精彩。

珐琅锅版烧烤肋排

食材

肋排 4 根（约 15 厘米长），蜂蜜 2 汤匙，老抽适量，烧烤酱 3 汤匙，生抽 1 汤匙，老抽 0.5 汤匙，料酒 1 汤匙，锡纸 2 张，白芝麻适量。

锡纸亚光面朝上，放入一个蒸架。

烹饪方法

❶ 肋排洗净，沥干，加入 1 汤匙蜂蜜，几滴老抽，3 汤匙烧烤酱，1 汤匙生抽，0.5 汤匙老抽，1 汤匙料酒，静置腌制。

❷ 珐琅铸铁锅底部铺上两层锡纸（亚光面朝上），在锅中放入一个不锈钢镂空蒸架。

❸ 把腌制好的肋排用厨房纸巾擦干表面水分，排放入锅内，盖上锅盖。

❹ 用 1 汤匙蜂蜜加几滴老抽拌匀成刷酱。

❺ 开中小火加热，大约 25 分钟（空锅烧烤），中途两次开盖在肋排表面刷上刷酱。

❻ 25 分钟后关火，不要开盖，继续焖 10 分钟。最后开盖撒上炒香的白芝麻即可。

空锅烧烤，中途两次开盖刷酱。

晶心厨语

1. 这个做法是空烤，所以需要用已经使用过多次且性能比较稳定的珐琅铸铁锅来做，不建议用新锅做这个菜。

2. 因为是空锅加热，所以在加热的过程中锅子会非常烫，一定要注意安全，不要被烫伤哦。

3. 垫锡纸是为了清洗方便，如果垫得够周全，做完这个菜其实不用洗锅子，只要把垫在下面的两层锡纸取出扔掉就可以了，锅子里面应该还是很干净的。

剁椒牛蛙

食材

牛蛙 500 克，剁椒 1 汤匙，蒜蓉 1 茶匙，料酒 1 汤匙，生抽 1 汤匙，葱段，姜丝，豆豉 1 茶匙，食用油 1 汤匙。

烹饪方法

❶ 牛蛙让摊主去头、去皮、去内脏，回家洗净切成块；用手把牛蛙大腿和小腿部分的腿骨折断。

❷ 小火预热锅具，倒入 1 汤匙食用油，将葱段、姜丝、切碎的豆豉、蒜蓉先煸香。

❸ 倒入剁椒炒出香味后再倒入牛蛙翻炒均匀。

❹ 淋上 1 汤匙料酒、1 汤匙生抽翻炒均匀。

❺ 盖上锅盖，开中火加热。

❻ 待锅边缘冒出水蒸气后，转小火焖 5 分钟即可。

晶心厨语

1. 处理牛蛙的时候，用手把牛蛙的大腿和小腿部分的腿骨折断，这样牛蛙肉受热后，腿部的肉会收紧成一个球状，肉质更紧实美味。

2. 要先将豆豉、蒜蓉和剁椒都煸炒出香味，再倒入牛蛙，牛蛙很容易熟，再加上珐琅铸铁锅良好的锅内热循环，只需要焖 5 分钟，肉质鲜嫩紧实。

土豆咖喱梭子蟹煲

食材

梭子蟹 3 只，中型土豆 1 个，咖喱块 3 块，清水 250 毫升，葱、姜适量，淀粉、食用油 1 汤匙。

烹饪方法

❶ 梭子蟹刷洗干净外壳，掰开，挖掉蟹鳃，拆下蟹钳，用刀背稍敲碎，把蟹身对半切开，在切口处蘸淀粉，然后拎起来抖掉多余的淀粉。

❷ 葱、姜洗净，葱切段，姜切片。

❸ 把土豆洗净，去皮切成小丁后倒入锅中，同时加入 150 毫升左右的清水，中火煮开，转小火焖煮 5 分钟左右，离火。

❹ 在食物搅拌机中倒入 100 毫升清水（这里的清水起降温作用，防止把搅拌机烫坏），把土豆丁连同汤汁一起倒入，启动开关把土豆丁打成汁。

❺ 把珐琅锅洗净，空锅小火加热 2 分钟后倒入 1 汤匙食用油，油热后把蘸了淀粉的蟹块放入锅中，切口朝下，稍微煎一会儿。

❻ 然后倒入葱段、姜片、蟹钳、蟹壳一起煸炒。

❼ 等蟹壳变红，倒入刚才打好的土豆汁，再加入 3 块块状咖喱搅拌融化，盖上锅盖。

❽ 最后等锅边冒出水蒸气后转小火，焖 3 ～ 4 分钟即可打开锅盖，搅拌下锅内并尝味道，口味重的人可以加些盐，然后关火，端上桌开动。

蟹块入锅后应该切口朝下，稍微煎一会儿。

晶心厨语

1. 记得是打成土豆汁而不是土豆泥，因为后面步骤中土豆入锅还要煮，如果是土豆泥，会煳锅的。

2. 梭子蟹切好入锅前在切口处蘸上薄薄一层淀粉，可以封住切口，防止水分的流失和蟹肉的松散。

3. 这道菜我用的是市售的咖喱块，这样比较方便，因为放了咖喱块之后基本不需要另外调味。如果用咖喱粉，那么需要事先把咖喱粉用油炒过，因为咖喱粉需要用热油的煸炒过程来激发香味；如果用油咖喱，那么出锅前需要根据油咖喱的味道来添加盐或者其他调味品来调整味道。

珐琅锅版无水白切鸡

食材

三黄鸡1只(我用的鸡重约1千克),葱500克,姜1块,生抽1汤匙,料酒3汤匙,盐2茶匙,白糖1茶匙,盐。

烹饪方法

❶ 鸡清理干净，用手在鸡表面均匀地抹少许盐和料酒，把葱、姜洗净，姜切片。

❷ 把整根的葱铺满铸铁锅底部，再放上姜片；把整只鸡放入锅中，在鸡身上也铺些姜片。

❸ 开中大火加热2分钟左右，看到有烟气冒出，转小火，盖上锅盖。在锅盖上放一些冰块，让锅中的热气升腾到锅盖内壁遇冷凝成水珠，再滴落到锅中，增加锅内循环，也不会煳锅。

❹ 小火焖25分钟左右，开盖用筷子戳鸡腿，无血水冒出即是熟了。

❺ 关火取出鸡，浸入冰水10分钟（让鸡皮紧致有弹性），捞出擦干表面水分，切大块装盘。

❻ 另外准备一些小葱和姜末（切得碎一点），然后加1汤匙生抽和一点点白糖拌匀。鸡取出后，把铸铁锅斜过来，锅底会有一些汁水，把这些汁水倒入调料碗中拌匀，便是很香的白切鸡调料了。

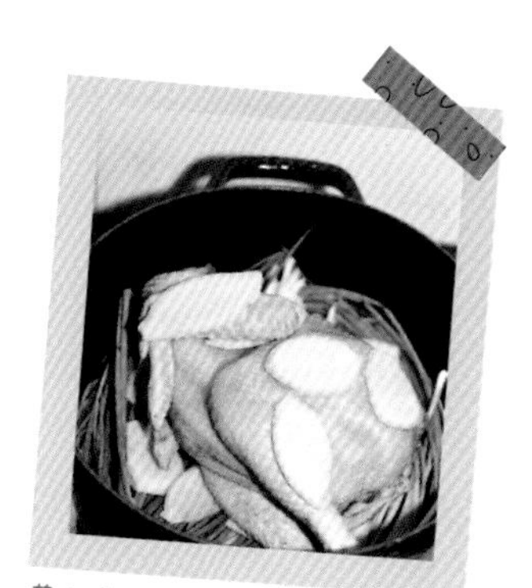

葱和姜的量要大，一定要用整根葱和姜片铺满整个锅底，一来去腥增香，二来防止鸡皮粘在锅底。

锅盖上放冰块可以增加锅内水汽循环。

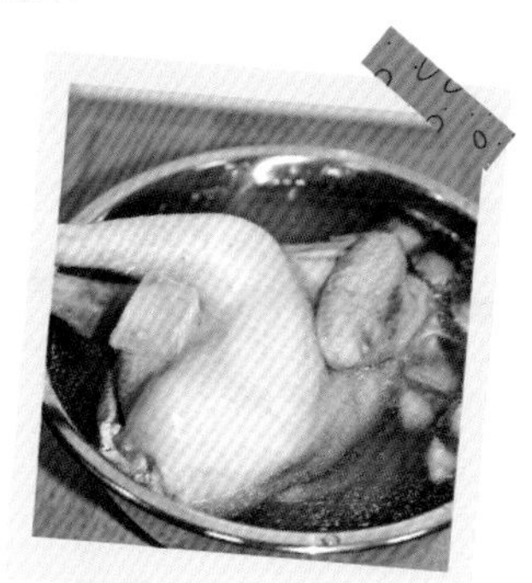

将熟透的鸡浸入冰水中，可以让鸡皮紧致有弹性。

晶心厨语

1. 整个过程不需要加水。
2. 所用的鸡一定要是生长期在三到四个月的嫩鸡，毛重不要超过两斤半，根据鸡的大小来适当调整烹饪时间。

南乳猪手

食材

猪蹄 500 克，南乳汁 1 汤匙，葱、姜、八角各 1 颗，生抽 1 汤匙，料酒 1 汤匙，冰糖 1 汤匙，香油 0.5 汤匙，色拉油 1 汤匙。

烹饪方法

❶ 猪蹄清洗干净，锅中放水放葱、姜烧开后，放入猪蹄开盖煮 2 分钟，捞出用冷水冲淋降温，沥干。

❷ 炒糖色：锅中放 1 汤匙色拉油、1 汤匙冰糖碎（冰糖用布包好砸碎），小火煮到冰糖融化颜色变深（琥珀色）。

❸ 倒入焯好的猪蹄，不断翻炒至粘满糖色。

❹ 倒入 1 汤匙生抽炒匀至猪蹄全部上色，倒入 1 汤匙料酒、1 汤匙南乳汁，放入姜片炒匀。

❺ 把 1 颗八角和少许葱同时放入锅中，加足量水没过猪蹄，水开后转小火加盖焖 2 个小时。

❻ 开盖转大火收浓汁水，出锅前淋些香油炒匀即可。

炒糖色至冰糖颜色变琥珀色即可。

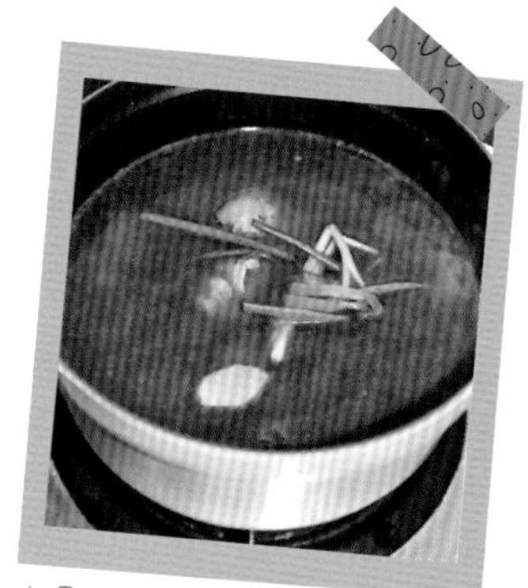

水量应加至没过猪蹄。

品心厨语

1. 猪蹄要开水下锅焯水。开水能让猪蹄的肉皮更紧实，炖制时不易烂。

2. 要用冰糖，冰糖会让猪蹄成品颜色红亮。

3. 为了成品软嫩只放生抽不放盐。盐最容易使蛋白质凝固，所以不放盐。

4. 要控制好火候。炖制的时候一定要开最小火，用铸铁锅炖 2 小时，普通锅子要炖 3 小时左右。小火是保证猪蹄软嫩的关键，大火会将猪蹄炖得烂不成形。

STAUB

奶油南瓜浓汤

食材

南瓜 200 克，洋葱半个，黄油 10 克，水 250 毫升，盐少许，淡奶油 20 毫升。

南瓜要用老南瓜。

烹饪方法

❶ 去除南瓜的内芯和籽，削皮，切薄片，将洋葱横向切薄片（要将纤维切断）。

❷ 先开中火将锅具预热 2 分钟，锅内放黄油，开小火融化。

❸ 洋葱炒到发软，再加入南瓜片，炒到酥软。

❹ 加入盐和水，煮开，撇去浮沫，盖上锅盖煮 3 ～ 4 分钟。

❺ 取出南瓜片，用手持搅拌机将南瓜片打成泥后倒回锅中，开着锅盖，到汤快煮开前关火，倒入淡奶油搅拌均匀即可。

红酒焖鲜鱿

食材

新鲜大鱿鱼2只（650克），大西红柿1个（250克），洋葱半个，香叶1片，蒜1瓣切末，番茄沙司50克，红酒100毫升，白糖一小撮，盐一小撮，黑胡椒碎一小撮，橄榄油2汤匙，香菜适量。

烹饪方法

❶ 鱿鱼整只清洗干净（可用一双筷子或者剪刀伸进去夹住内脏转圈拉出），撕去膜，切成约1厘米宽的鱿鱼圈；西红柿用开水烫1分钟，撕去表皮切丁；洋葱切条。

❷ 锅小火预热后，放入2汤匙橄榄油，中火，入洋葱煸炒到发软透明，倒入蒜末继续炒出香味。

❸ 倒入鱿鱼圈继续炒到发白，倒入西红柿丁翻炒2分钟，加红酒、香叶，不加盖煮10分钟。

❹ 倒入番茄沙司继续开盖煮10～15分钟，至汤汁浓稠，根据味道加一点点盐、白糖，翻炒均匀，撒上黑胡椒碎和香菜碎叶或香草碎后即可。

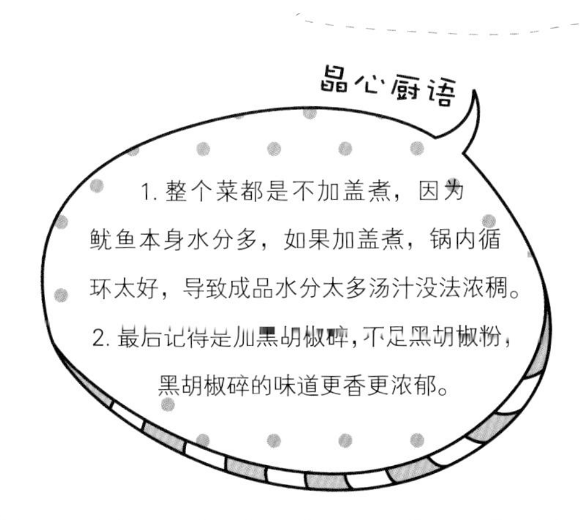

Part 4
用珐琅锅装点的休闲时光

闲暇时间，你可以用它来做一些让你感觉甜蜜的小零食、三五款让你感觉幸福的小甜点，用这些小甜蜜、小幸福来装点休闲时光……

焦糖奶油爆米花

食材

小粒玉米粒一把（以铺满锅底为限），色拉油 1 汤匙，黄油 20 克，细砂糖 50 克。

烹饪方法

❶ 铸铁锅放灶上，倒入 1 汤匙色拉油，把小粒的玉米粒放入锅内，基本上平摊铺满锅底就好，不要放太多，更不能堆叠。

❷ 开中火加热，刚开始不用翻动，锅子热了以后，拿住锅把手前后晃动下锅子。

❸ 待玉米粒有一两颗开始爆开时，盖上锅盖，继续中火。

❹ 加热过程中会听到锅中不断有玉米粒爆开的声音。继续加热 3 ～ 5 分钟，听到锅中噼啪声渐渐慢下来时，关火，不要开盖，继续焖 3 分钟后开盖。把爆好的玉米装出来，顺便把个别没爆的拣出来扔掉。

❺ 把锅子擦干净，放入 20 克黄油和 50 克细砂糖，用小火加热至糖完全融化。继续加热，糖液颜色会慢慢由浅至深，最后变成太妃糖的琥珀色，赶紧关火。

❻ 趁热倒入刚才爆好的爆米花，迅速用木铲翻拌均匀，尽量让每一颗爆米花的表面都裹上糖液，这样就完成啦！

等看到有一两颗开始爆开即盖上锅盖。

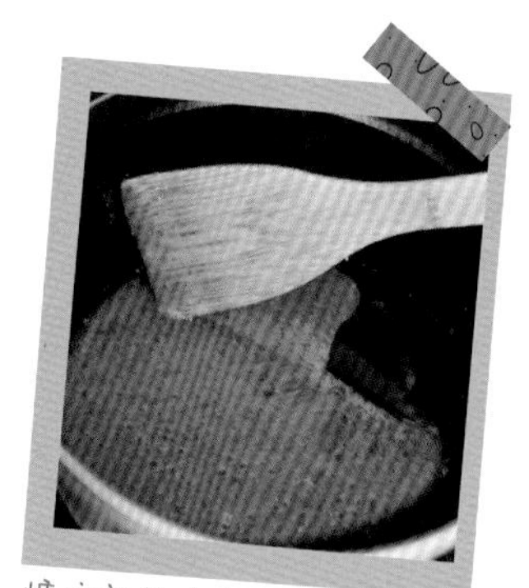

糖液颜色应煮至太妃糖的琥珀色。

晶心厨语

1. 用来做爆米花的玉米粒和我们平时吃的大玉米粒不一样，是那种很小颗但很饱满的小玉米粒，现在一般菜场、超市都有售。

2. 玉米粒每次只能放平铺满锅底的量，否则受热不均匀，会导致没法爆开或者会爆一半僵掉，如果想做多一点，只要重复步骤 1 ～ 4 就可以了。

3. 爆米花很容易吸潮，如果不是一次吃完，等完全冷却后要密封保存。

4. 熬焦糖浆的过程记得一定要用小火，否则一瞬间就会熬过头，味道会发苦。熬的过程中前面不需要搅拌，到后面糖液开始变色，可以用木铲轻轻搅拌均匀，但记得不要搅拌过多，否则糖液翻砂，就不能用了。

法式焦糖布丁

食材

鸡蛋 2 个，鲜牛奶 50 毫升，淡奶油 100 毫升，砂糖 20 克，香草精 2 滴。

烹饪方法

❶ 称量材料，两只鸡蛋分离出蛋黄且将蛋黄搅散；烤箱 170℃预热。

❷ 淡奶油加砂糖煮沸，至砂糖完全融化，快速倒入步骤 1 的蛋黄液中，边倒边搅拌，至完全融合。

❸ 将鲜牛奶慢慢倒入搅拌好的蛋黄液中。

❹ 滴入两滴香草精（没有可不放），搅匀即成布丁液。

❺ 搅拌好的布丁液，过筛入迷你珐琅锅至八分满。

❻ 烤盘中放热水，布丁模放入烤盘中，把烤盘放入预热好的烤箱，中层，上下火 170℃，烤制 25 ～ 30 分钟，看到布丁表面有焦斑即可（根据模具大小和深浅来调整烤制时间）。

晶心厨语

1. 最后入烤箱的烤制时间要根据所用容器的大小和深浅来调整，较浅或者较小的容器，可缩短烤制时间；反之则延长时间。总之以看到布丁表面有焦斑出现为准。

2. 这里只加入了两个蛋黄，量比较小。家里人多的时候，本着节省资源和人力的原则，可以把材料的量按比例增大。

奶油甜薯浓汤

食材

红薯 300 克，黄油 1 小块，洋葱 1 小块，大蒜 1 颗，淡奶油 20 毫升，盐 1 小撮，黑胡椒粉 1 小撮。

加水至盖住红薯丁就可以啦！

烹饪方法

❶ 红薯去皮切小丁，洋葱、大蒜切末。

❷ 锅中放入黄油，融化后下洋葱末、大蒜末小火煸炒出香。

❸ 下红薯丁，加水至盖住红薯丁，煮滚，转小火焖 15 分钟左右至红薯软烂。

❹ 把红薯连汤水倒入食物搅拌机搅打成细腻的红薯泥。

❺ 搅打完倒入原来的锅中，此时可以视红薯糊的浓稠度来考虑是否要加些水。

❻ 然后加盐、黑胡椒粉、淡奶油搅匀，继续煮 5 分钟，装盘时淋少许淡奶油以牙签划出图案即可。

晶心厨语

1. 红薯丁应该切得小一点，这样比较容易在短时间内煮软。
2. 做这道甜品时，用红心番薯成品颜色会比较好看。
3. 有些食物搅拌机不能放很烫的食材，记得把煮好的红薯汤稍稍晾凉后再倒入搅打。
4. 盐和黑胡椒粉的量不要多，一小撮即可，多了味道会很怪。

咖喱牛肉干

食材

牛里脊肉(或牛腿肉)500克,料酒1汤匙,1小杯水(约100毫升),生抽1汤匙,老抽0.5汤匙,五香粉1克,白胡椒粉1克,咖喱粉2克,冰糖3颗,盐1小撮,姜片、葱适量。

烹饪方法

❶ 牛肉切 5 毫米厚的大片，最好每一片厚薄均匀，用流动的清水不断冲洗至无血水。

❷ 把切好洗好的牛肉放锅里，同时倒入没过牛肉的清水，放姜片、葱和 1 汤匙料酒，开着盖子中火煮开后 2 分钟关火，捞出牛肉用热水冲洗干净。

❸ 焯水后的牛肉放入洗净预热好的锅内，不放油干炒一会儿至牛肉表面变色。

❹ 倒入 1 小杯水，放 1 汤匙生抽、0.5 汤匙老抽、1 小撮盐、1 克五香粉、1 克白胡椒粉、3 颗冰糖煮开，转小火加盖焖煮 30 分钟。

❺ 开盖，转中火慢慢炒干锅中水分，然后加 2 克咖喱粉一起炒到牛肉片表面干爽关火。

❻ 烤箱 150℃预热，把牛肉片平铺在烤网上，放入烤箱中层，下一层放一个空的烤盘，设定温度 130℃，有热风循环功能的烤箱可打开这个功能。烤 20 分钟左右即可，取出放凉后密封保存。

牛肉在不放油的锅内翻炒至表面变色。

放调料焖煮的牛肉。

焖煮后转中火慢慢炒干锅中水分，然后加咖喱粉炒至牛肉片表面干爽后放入烤箱烤制。

晶心厨语

1. 牛肉片横切或者竖切都可以，横切比较容易碎但是吃起来不费劲；竖切不容易碎，韧劲更足，吃的时候可以撕着吃。但是片不要切太薄，否则煮和炒的过程中会很容易碎。

2. 500 克牛肉做出来的成品大概 200 克左右，自己加工的牛肉干没有任何防腐剂、添加剂，不能长时间保存，做好完全凉透后要密封保存，大概 5 天内吃完。

3. 如果家里没有烤箱就直接往锅中加一点植物油，把牛肉片炒到你想要的干爽程度即可。烤箱烤的牛肉干更有嚼劲、更干爽。

4. 烤箱的温度不要过高，否则容易烤焦。烤的时间可以根据自己喜欢牛肉干的软硬度来调整，喜欢干硬的可以多烤会儿，喜欢软的可以少烤会儿。

橄榄油烤薯角

食材

中小型土豆 500 克，橄榄油 2 小勺，盐 3 克，黑胡椒碎 1/4 小勺，辣椒粉 1/4 小勺，锡纸 1 张。

把薯角尖角朝上排在锡纸上，连锅放入预热好的烤箱。

烹饪方法

❶ 土豆连皮刷洗干净，用厨房纸巾拭干表面水分，切成大小均匀的三角块（船型块）。

❷ 切好的薯角，放入一个大盆中，倒入 2 小勺橄榄油拌匀。

❸ 倒入盐和黑胡椒碎、辣椒粉，充分拌匀，让每块薯角上都均匀地滚上调味料。

❹ 烤箱 200℃预热，珐琅锅中放一大张锡纸（亚光面接触食物），在锡纸上刷一层橄榄油，把薯角尖角朝上排在锡纸上，连锅放入预热好的烤箱中层，烤 30 分钟左右即可。

晶心厨语

1. 土豆连皮烤更好吃，所以第一步就是把土豆皮刷洗干净。记得要吸干表面水分，这样烤出来，表皮才会好吃。

2. 调味里的黑胡椒碎以及辣椒粉可以根据自己的喜好换成孜然粉、香草碎、椒盐粉之类，或者干脆只加橄榄油、盐和黑胡椒碎也很好吃。还可以搭配番茄沙司或色拉酱一起食用，别有风味哦。

3. 锡纸记得刷油，否则烤完的薯角可能会粘在锡纸上，难以取出。

4. 烤制温度和时间仅供参考，因为每个烤箱的脾气不一样，所以请根据自家烤箱的特点调整。

5. 同理还可以烤制其他根茎类食物，如番薯、紫薯、南瓜。

咖喱猪肉松

食材

猪后腿全瘦肉 500 克，料酒 1 汤匙 (15 毫升)，老抽 1 汤匙 (15 毫升)，冰糖 2 汤匙 (45 克)，十三香 10 克，生姜 3 片，盐 1 汤匙 (15 克)，咖喱粉 10 克。

烹饪方法

❶ 猪肉洗净后，切块，锅中水烧开，放入猪肉焯水后，捞出洗净。

❷ 铸铁锅中放入焯水后的肉块，加入料酒、老抽、冰糖、十三香、盐、生姜，倒入约 400 毫升清水（用普通锅水量要增加），盖上锅盖煮开后转小火焖煮至少 2 小时至肉酥烂，筷子能轻松穿透。

❸ 稍凉后，取出肉，装入厚保鲜袋，用擀面杖擀开、擀碎。

❹ 再倒入搅拌机中打碎。

❺ 洗净锅子，烧热，直接倒入打碎的肉松，加入 10 克咖喱粉，小火干炒（这时要注意保持均匀的火力）。

❻ 不断翻炒至蓬松状（耐心点，我炒了 15 分钟左右，炒到最后肉松完全脱水呈现出稍干爽蓬松状）。冷却后装入密封袋或者密封瓶子中保存，要是炒得够干，可以保存好几个月。

猪肉块应焖煮至肉酥烂，筷子轻松能穿透。

用擀面杖将猪肉块擀开，擀碎后再放入搅拌机打碎。

用搅拌机打碎的猪肉。

肉松应不断翻炒至蓬松状。

晶心厨语

1. 猪肉要选全瘦肉，不要带筋的。要煮到肉很酥烂，筷子能轻松穿透，手能轻松捏碎的程度。

2. 最后炒制的过程记得用小火，全程保持一个火力，不停地翻炒（否则会焦），一直到肉松呈现稍干爽蓬松的状态。炒得越干，水分越少，越利于保存，但是口感是稍微带点水分的更好。

3. 如果不喜欢加咖喱粉，可以不加，直接把捣碎的肉碎放锅中炒到想要的程度即可，还可以在炒到最后阶段时加入芝麻一起炒，更香哦。

花生蔓越莓牛轧糖

食材

日本纯白棉花糖 400 克，红皮花生 270 克，蔓越莓干 130 克，无糖奶粉 250 克，无盐黄油 125 克。

分次倒入奶粉，搅拌均匀。

烹饪方法

❶ 烤箱 150℃预热，把花生平铺在烤盘中，入烤箱转 130℃烤 17 分钟左右烤熟，或者提前在锅中炒熟，放凉后去皮备用。

❷ 在珐琅锅内壁上用黄油涂抹一层后，把剩下黄油放入锅中小火加热至融化，然后倒入棉花糖，小火，用木铲搅拌至完全融化，体积明显变小（棉花糖中空气排出）。

❸ 分次倒入奶粉，用力搅拌，全部奶粉加完搅拌均匀后，关火，迅速倒入去皮花生和蔓越莓干，再用力搅拌均匀。

❹ 趁热倒入不粘烤盘中，快速用刮板用力推平。

❺ 放凉到稍微还有些温度并且还有一些软度的时候，用刮板帮助脱出，倒扣在案板上，带上一次性手套，稍微整理下外形。

❻ 用锋利的刀切割成小块，再包上糖纸就可以了。

倒入花生蔓越莓干后要迅速搅拌均匀哦！

晶心厨语

1. 要用纯白棉花糖，有颜色的、夹心的都不能用；奶粉最好用奶味比较重的，并且要无糖的，有糖的奶粉做出来太甜；黄油也要用品质好一些的。食材品质的好坏直接影响成品的口感。

2. 如果要做纯花生牛轧糖，把蔓越莓换成等量花生即可，同理用其他坚果类也是一样，可用坚果有芝麻、杏仁、葡萄干等。

3. 奶粉要分次加入，加入后会感觉搅拌受到阻力，没关系，使劲用木铲搅匀后再加入下一次，直到奶粉全部加完。过程中会感觉有些难搅，但不至于会搅不动。

黑糖草莓酱

食材

新鲜草莓 500 克，柠檬半个，白砂糖 150 克，红糖 150 克，盐水适量。

烹饪方法

❶ 草莓用淡盐水浸泡半小时后，清洗去表面浮尘，用小刀切去蒂。处理好的草莓全部放入珐琅铸铁锅，同时倒入白砂糖和红糖。

❷ 开中火煮到糖融化，转大火，边煮边搅拌。

❸ 煮开后，撇去表面的浮沫。此后的大约 5 分钟内，液面会保持在比较高的状态，边煮边搅拌。

❹ 大约 10 分钟后，液面会开始慢慢降低，继续边煮边搅拌（搅拌可以防止锅中草莓酱飞溅）。

❺ 15 分钟后，液面又会降低不少，锅中草莓酱慢慢开始变浓稠，继续煮到草莓酱颜色开始明显变深，变成有些胶质的透明状，散发出稍带点焦香的味道且越来越浓稠的时候，加入柠檬汁搅拌均匀，就可以关火了。我熬这锅草莓酱从煮开撇去浮沫开始算时间，总共用了 18 分钟。如果有烘培时专用的温度计，可以测温度，那就更方便了，锅内温度达到 105℃的时候立刻关火就好了。

晶心厨语

1. 做果酱不要用浅锅子，因为用大火煮的时候，果酱液面会升得比较高，容易溢出锅子。要边煮边搅拌，否则果酱在受热过程中会溅出。

2. 选用小粒的草莓比较好，太大颗的做好后涂面包时会比较费力。用整颗草莓做出来的草莓酱，口感会更好，因为可以吃到大颗粒的草莓。加入柠檬汁可以让果酱的味道更香并且吃起来不甜腻。

3. 如果做普通草莓酱 ，把配方中的红糖换成等量白砂糖就可以了。如果想要细腻润滑的草莓酱，可以事先把草莓用食物搅拌机搅打成草莓泥再熬煮。

4. 果酱煮好后在锅里稍晾凉，准备一个耐热防爆的容器（最好用瓶装果酱吃完洗净的空瓶），在果酱温度不低于 85℃时装瓶盖紧，放在室温下凉透后冷藏保存。自己做的果酱没有防腐剂，可以放心食用，但是最好在一两个月内吃完，并且每次食用时要用干净、干燥的勺子挖取。

5. 如果想要保存时间长一点，可以将煮好的果酱在高于 85℃的温度下装入可以密封并且耐高温的玻璃瓶中，盖上盖子，放在锅中用高温隔水蒸 20 分钟后取出擦干瓶身，待完全凉透后冷藏保存。在真空的瓶子里（我用的就是瓶装果酱吃完洗净后的空瓶）可以延长存放时间，我想操作得当的话，放一两个月绝对没问题。

珐琅锅的使用注意事项

① 珐琅锅导热快，保温效果佳，每次烹饪前需先以小火预热 2 分钟，再进行烹饪。烹饪全程中，只需中小火，无需使用大火，火焰以不超出锅底为准。

② 烹饪后锅身温度会比较高，记得要戴厨房手套或者垫厚抹布，防止烫伤哦。

③ 烹饪时需要用木铲、尼龙锅铲或者硅胶锅铲，不能用金属铲或者其他金属工具，否则会刮伤锅具内壁。

④ 珐琅铸铁锅在使用过程中要避免因骤冷骤热而导致珐琅脱落，所以应用中小火逐渐加热。刚完成烹饪后的锅子温度比较高，切忌立即用冷水冲洗，应该等锅子稍降温后，再进行常规清洗。

锅身温度高，记得一定要戴手套操作哦！

⑤ 铸铁珐琅锅适用于普通的明火烹饪，也适用于电磁炉和烤箱，但是不适用于微波炉。

珐琅锅的保养清洗

■普通炖煮后的清洗

最好不要用清洁剂，洗碗机也是能不用就不用，虽然它在理论上可能不会对锅造成太大损害，不过用洗碗机洗过后，之前养润的锅一下就会被打回原形。我的经验是：不是非常油腻就只用热水加抹布；比较油腻的先用烫的水冲走表面过多油分，再用热水加抹布（或者软性百洁布、尼龙刷子）来清洗，切记不能用铁刷或者钢丝球。黑珐琅锅需要用油来养锅，锅子使用时间越久，食物中的油分会慢慢渗透到锅壁中，锅子就会越润。使用越久，煎煮食物越不会粘锅。如果锅底有食物粘在上面，可以往锅里加入少量温水放炉灶上用余温浸泡一会儿，残余食物很容易就除去了。但是切记，锅很热的时候不能用冷水激，急速降温会破坏珐琅质。

■烧焦后的清洗

万一某一天不小心把锅子烧焦了，不要急于清洗，用下面的方法试试。

1. 使用温热水浸泡的方法会比较管用，浸泡一夜后，等焦着物软化后，再用软性百洁布慢慢地带水擦洗；不能用金属制的刮刀等工具去刮除焦着物，会损伤锅具。如果还是不能洗干净，那么继续用温热水浸泡，擦洗，直到洗干净。

2. 用热水浸泡 2 小时，倒掉水，找一块软布蘸着小苏打粉，使劲擦。

3. 番茄酱、醋、小苏打按 1 ∶ 1 ∶ 1 比例混合，用百洁布蘸混合物反复擦，实在不行就再加点洗洁精。

新锅买回来都会在锅沿自带四个塑料夹子，不要扔掉，收纳时可以用。

■ **如何收纳**

珐琅锅清洗干净后，要用干抹布将锅内外的水擦干而不是晾干。如果一段时间内不准备用，擦干后要抹油。买回来的新锅都会在锅沿自带四个塑料夹子，不要扔掉，平时洗完锅后继续用这些夹子把锅盖垫起来，有利于空气流通。

珐琅锅的尺寸、挑选

一般来讲 24 厘米圆形炖煮锅是适用范围最广的尺寸，适合三到五口人的家庭使用，这个尺寸可以炖煮个子不是很大的整只鸡或鸭。家里两口人的话 22 厘米口径的珐琅锅就可以了，能满足平时两到三人的炖煮菜量。

图书在版编目(CIP)数据

烹享慢生活:我的珐琅锅菜谱 / 月亮晶晶著. —杭州:浙江科学技术出版社,2014.9(2019.5 重印)

ISBN 978-7-5341-6043-1

Ⅰ.①烹… Ⅱ.①月… Ⅲ.①家常菜肴—菜谱 Ⅳ.① TS972.12

中国版本图书馆 CIP 数据核字(2014)第 130120 号

书　　名	烹享慢生活:我的珐琅锅菜谱
著　　者	月亮晶晶
绘　　图	张诗澜
出版发行	浙江科学技术出版社
网　　址	www.zkpress.com
	杭州市体育场路 347 号　　邮政编码:310006
	办公室电话:0571-85062601　销售部电话:0571-85058048
排　　版	杭州兴邦电子印务有限公司
印　　刷	浙江新华印刷技术有限公司

开　　本	710×1000　1/16	**印　张**	6.25
字　　数	150 000		
版　　次	2014 年 9 月第 1 版		2019 年 5 月第 8 次印刷
书　　号	ISBN 978-7-5341-6043-1	**定　价**	29.80 元

责任编辑　王巧玲　　**责任印务**　徐忠雷

责任校对　刘　丹　　**特约编辑**　胡燕飞